光尘
LUXOPUS

我会独立思考

在信息过剩的时代里
一本学会批判性思维的终极指南

[美] 安德里亚·戴宾克 著
黄瑶 译

推荐序一

你会独立思考吗?
—— 樊登读书首席内容官　樊登

如果你在网上骂过人,或者被别人骂过,或者做过吃瓜群众,就一定要读一下这本《我会独立思考》。

独立思考是一件稀缺品,它很容易被误解为"这就是我自己的意愿","只要我自己就是这么想的,我就是在独立思考"。所以,想要改变我想法的人就是想教训我,就是想给我洗脑,不会是想割我的韭菜吧？！……最危险的事情莫过于一个人把"个性"和"独立思考"混为一谈。你以为的独立思考，很有可能只是随大溜而已。你以为的热血沸腾，也只是一群相互认同的人情绪高涨产生的震荡效应而已。

独立思考是一项技术，需要学习和练习。

首先，我们要能分清楚事实和观点。有时候我们的负面情绪只是来自他人的观点和大脑不自觉的加工。事实是什么，也许我们根本就不知道。在不了解事实的时候任意发表意见，只是因为我们不必为自己发表的意见负责而已。其次，我们需要分辨事实的可靠性。很多事情眼见未必为实。伽利略还曾在写给开普勒的信中嘲讽了那些只能通过肉眼观察世界的人。你要知道肉眼所看到的，已经是自己的头脑筛选过的。

更何况，现在的互联网上，被刻意扭曲的"事实"太多了，很多人不小心就被鼓动了情绪，害人害己。第三，立场会妨碍对事实的判断。我有一次讲一本关于健康的书，说到"那些人认为健身房没有用，因为原始人就没有健身房"。结果被人恶意剪掉了"那些人认为"几个字，变成了我对着镜头说"健身房没有用，因为原始人就没有健身房"，引来一大票人留言问候我的智商。这件事表明，对自己评论的事件做真实的了解有多重要。

能分清楚事实和观点，能大致判断事实的可靠性，不预设立场，这是独立思考的起点。接下来就要跟自己的大脑作战了。我们的大脑容易夸张，容易想象，容易讨好，就是不容易冷静。所以我们需要通过阅读《我会独立思考》这样的书一点点认识到思考过程中的各种陷阱,明确一条完整闭环的思维分析路径帮助我们独立思考。这样对自己对家人对社会,都是一种福音。本书不仅是写给青少年的独立思考教科书,里面涉及的方法和提供的训练也是我们每一个成年人都需要的,能让用心学习和运用的人受益终身。

我真心期待更多人能因为这本书而学会独立思考。如此,我们的社会才会更成熟,我们的生活才会更幸福!

推荐序二

学会批判性思维，打好独立思考的地基

—— 青年作家　王欣婷

纵观人类漫长的发展历史，每一次科技进步都需要千百年，甚至上万年的时间，而从 16 世纪到 17 世纪的近代科学革命起，文明的进程开始以前所未有的速度加快向前。究其原因，是人类掌握了科学研究的方法和正确的思考方式，给科技的突飞猛进带来了巨大的推动力。

身为近代科学奠基人之一的法国数学家笛卡尔，在《方法论》中尤其强调"批判的怀疑"的重要性，避免形成先入为主的观念和做出轻率的结论。特别是到了 21 世纪的互联网时代，无处不在的信息让人应接不暇。因此，如何学会并运用批判性思维，如何更好地甄别和使用信息是新时代公民的必修课程。

我们的批判性思维并非与生俱来，想要拥有独立思考的能力就需要不断地训练。那么这种训练应该从什么时候开始呢？我想，就从翻开这本《我会独立思考》之日起吧。这是一本为青少年撰写的、学会批判性思维的终极指南，即使是成年人读一读也能大有收获。我们通过这本书建立起底层逻辑、搭建好坚实的思维地基后，便可以面对任何纷繁复杂的问题。

作者安德里亚·戴宾克将《我会独立思考》全书分为八个章节，引导我们理解什么是批判性思维，带领我们形成提出问题、收集证据、评估证据、产生好奇、得出结论的思考路径，同时也讨论其他立场的观点，帮助我们在独立思考的过程中自我成长。本书将"如何进行批判性思考"的过程一一分解，清晰易懂地向我们呈现具体且重要的步骤。安德里亚还用活泼生动的讲述方式，在每一章节解读了大量的真实案例，并设计了很多我们可以参与的活动。

在"批判性思考者的故事"里，我们会认识来自非洲肯尼亚的年轻发明家理查德·蒂雷拉雷、著名科学家和环保主义者珍·古德博士、为反对枪支暴力而行动的美国高中生艾玛·冈萨雷斯等。

在"轮到你了"这个栏目里，我们可以请亲朋好友回答章节内的一系列问题；对社交媒体的应用进行研究，写下所有看法，然后进行评估；自己主持一场辩论会等。在这样参与式的阅读中，我们已经不知不觉地开始了自己"批判性思维"的训练。

同时，安德里亚还在每个章节里融入了许多不同的议题，比如：总体数量有所上升的灰狼是否应该从濒危物种的名录中移除，社交媒体的影响是正面还是负面的，外来移民是否应该被禁止等。通过这些议题，我们可以更深入地了解批判性思考的实际运用，还可以延伸至更多与中国社会相关的话题，进行拓展讨论等。

希望大家喜欢《我会独立思考》，它是能够伴随一个人不断成长的书。当我们在未来遇到任何问题，都可以遵循书中批判性思维的方法进行思考和判断。正如安德里亚在书中所说，思考什么不一定重要，重要的是掌握独立思考的方式。

王欣婷，作家，出生于 1992 年，毕业于英国伦敦政治经济学院和美国哥伦比亚大学。著有长篇小说《远行的少年》《蓝茧》，采访集《寻找童书的真生命》。

目录

作者序	是时候独立思考了 / 3
第 1 章	什么是"批判性思维" / 7
第 2 章	提出问题 / 37
第 3 章	收集证据 / 55
第 4 章	评估证据 / 81
第 5 章	产生好奇 / 111
第 6 章	得出结论 / 137
第 7 章	讨论其他观点 / 155
第 8 章	自我成长 / 173
术语表	/ 185

是时候独立思考了
—— 安德里亚·戴宾克

你听说过石器时代吗?或是镀金时代?爵士时代?它们都是很重要的历史时期代名词。我们眼下所处的时代代名词有很多,其中一个就是"信息时代"。它意味着无论我们走到哪里、在做什么,都能轻松获取信息。也许你已经注意到这一点了。

信息随处可见。每天都能听到、看到世界各地正在发生什么的信息,信息还会引导我们如何穿衣打扮、如何思考问题、如何感受与体会。这些信息来自我们的家人、朋友、老师,还有社交媒体、电影和音乐,等等。简而言之,信息无处不在。

我们很容易陷入信息过剩的局面。有些时候,我们的大脑吸收了太多信息,以至于很难对它们分门别类,于是只好任其堆积,于是大脑如同一个凌乱的壁橱。

你在想些什么呢?

可想的事情很多!你最近在关注什么呢?

- 音乐
- 暗恋对象
- 短信与消息
- 新闻
- 老师们
- 运动
- 游戏
- 家庭
- 我的外表
- 书籍
- 社交媒体
- 科技
- 朋友们
- 视频
- 身体健康

如何处理这些信息呢?怎样对其分门别类、做出决定呢?

是时候独立思考了!

"自己独立思考,并让他人同样享有这样做的特权。"

——伏尔泰

支持平权的 18 世纪法国哲学家、作家

第1章
什么是"批判性思维"

人类每时每刻都在思考当中。我们会制订计划，会感到焦虑，会重温回忆，会做出决定，还会沉浸在白日梦之类的幻想之中。这些都不是本书要讨论的"思考"。

本书讲述的并非是思考的"内容"（想什么取决于你），**而是独立思考的"方式"。**

> **概念概述**
>
> 批判性思维是通过仔细评估想法与事实,来决定应该相信什么、做些什么的过程。

和学习使用滑雪板或做代数一样,思考是一种技能,熟能生巧。

> 等一下。我还以为"批判"是件坏事。

不一定哦。"批判"一词有许多不同的定义。在这种情况下,"批判"的意思是进行仔细的评估或判断。人人都可以进行批判性思考。身处信息时代,独立思考比以往任何时候都更加重要。

思考时间

有些人可能一辈子都不曾学习过这项重要的技能。好消息是，展开批判性思考永远都不迟！现在就行动起来，你也能表现出众！

在实践中利用批判性思维

通过例证，我们更容易理解批判性思维的过程。1973年，美国政府通过了一项名为《濒危物种保护法》的法律。从那时起，1600多种动物受到了法律的保护，其中包括秃鹰、灰熊、座头鲸及许多植物和昆虫。

把哪些动物添加到名录中或从名录中删除哪些动物，做这个决定并不那么容易。针对这一议题，人们的看法往往莫衷一是。最终，国会将在听取专家的意见之后做出决定。最近，国会正在考虑是否应该将灰狼保留在濒危物种的名录之中。

一百年前，灰狼曾遭到大肆捕猎，在美国几乎踪影全无。《濒危物种保护法》通过后，灰狼被列入保护动物名录（这意味着捕灰狼属于违法行为，因为它们的数量已经所剩无几）。自那时起，灰狼的数量逐渐恢复。如今，在美国本土的48个州中，灰狼的总体数量已经超过6000只。

鉴于灰狼的总体数量已经上升，有些人想把灰狼从濒危物种的名录中移除。有些人却认为灰狼应该被保留在名录之中。设想一下你是国会的议员之一，必须决定如何投票。你可以从这里开始展开批判性思考的过程：

★ 提出问题

· 谁想把灰狼从濒危物种的名录中移除？谁又想把它保留在名录之中？

· 美国现存有多少只灰狼？这个数量是多还是少？

· 如果从濒危物种的名录中移除某种动物，会发生什么？

★ 收集证据

· 采访生活在灰狼附近的人,包括农夫、农场主和护林员。

· 采访灰狼的研究者。

· 利用图书馆、书籍或网络对该议题展开研究。

★ 评估证据

· 核查事实

· 分析数据

· 留意逻辑谬误或事实错误

★ 验证假设，保持开明思想

- 灰狼一直都是危险的吗？
- 灰狼经常杀害牲畜吗？
- 将灰狼从名录中移除真的会不利于它的数量吗？

★ 得出结论

- 判断灰狼应该被保留在名录之中还是被移除。

★ 探讨和辩论其他观点

可能你还不是美国国会议员（只是目前还不是哦），眼下还不需要做出这种判断。不过，不管你是否意识得到，你每天都在进行批判性思考。进行批判性思考并非总是轻而易举。不过有些时候，走捷径得出观点会比经历一个完整的过程再得出观点更加容易。

假设你某天走进教室，发现班上来了一名代课老师。你和许多人一样，对这位老师的印象可能会走向以下某条不恰当的"捷径"。

刻板印象

"啊哦。夏普女士看起来好老。我敢说她一定非常苛刻。"

刻板印象就是基于某一群人的外貌或你对其有限的经验形成的错误看法。认为年长的人都很刻薄或是脾气暴躁就属于一种刻板印象。

恐惧

"哦不!我们的上一任代课老师就让我在全班面前出丑了!"

有些时候,我们内心的恐惧是基于曾经的经历。但不管恐惧是否是以真实的危险为基础,它都会阻碍我们清晰地思考。

盲目相信

"我姐姐把有关夏普女士的所有事情都告诉我了。她不介意你不事先请示就离开教室的。"

盲目相信的人以为自己已经掌握了所需的一切事实或信息,不会花时间思考自己相信的事会带来怎样的可能性或后果。

无知

"如果她只是个代课老师,就不可能在数学方面无所不知。"

无知,或是知识和信息的缺乏,使人很难做出正确的判断,或是得出深思熟虑的结论。

妄下结论

"代课老师?那张先生肯定住院了!"

没有任何事实就妄下结论,会导致不正确的结论或是错误的决定。

独立思考不一定是个快速的过程。有些时候,针对某一观念或行为,人们需要许多年才能得出结论。即便到了那个时候,随着新的信息或新的阅历的到来,人们的观念也会发生改变。运用批判性思维重新回顾一下过去的某些观念是如何改变的吧!

神奇的泥巴

数百年前,人们曾经以为青蛙是由泥巴神奇地塑造出来的!他们称这个过程为"自然生成"。大家之所以会有这种想法,是因为青蛙每年春天都会突然出现在水池和水坑里(你可能会说,他们这是在"妄下结论")。不过,在对青蛙展开更加仔细的研究之后,人们才意识到,青蛙其实是由卵生蝌蚪形成的,其中并没有什么神奇之处。

奇迹般的水

如今,我们把气泡水看作一种提神的饮料。但在 20 世纪初,人们曾经以为它是药!当时的医生对疾病的起因或治愈方法知之甚少。有些人注意到,自己在饮用泉水后似乎会感觉舒服许多(有些泉水是自然起泡的)。其他人利用这一点,开始将气泡水当作神药来出售。我们现在已经知道，这些水是没有任何出奇之处的。不过当时的人大多没有安全可靠的室内水管系统，也没有无菌的水可以饮用，所以在喝下"奇迹之水"后感觉舒服多了，也就没什么可惊讶的了！

自制金子

如果能把普通的东西变成金子，是不是很棒？炼金术士也是这么想的。从古代开始，炼金术士就认为铁、锡或铜等普通金属是有可能转化为金、银等贵金属的。遗憾的是，我们花了数百年的时间在化学方面进行了诸多研究，才发现这是不可能的。

聪明的黑猩猩

多年以来,人们一直以为人类是唯一一种会使用工具的动物。许多人认为,这证明了人类优于动物。20世纪60年代,珍·古德博士对野生黑猩猩展开了研究。她是第一个看到黑猩猩使用工具的人。从那时起,科学家们逐渐发现其他动物也会使用工具。(更多有关古德博士的信息详见第73页)

小测试：你属于什么样的思考者？

人们每天都在运用自己的思维。你可以通过这个小测试来了解自己的思维模式，然后对照第 26 页来检查你的答案。

1. 好消息！你的父母刚刚同意在家里养宠物了。不过他们不知道该养哪种宠物。你会做的第一件事是：

   a) 询问朋友的意见。

   b) 上网搜索自己所在地区可以饲养的宠物。

   c) 让姐姐来选。她的主意好。

2. 你在完成学校布置的一项小组作业。小组中的两名成员在如何展示这份作业的问题上产生了分歧。你会：

a) 询问老师的意见。

b) 想起其中一名组员上个学期在作业展示方面做得不错，决定最好听从她的意见。

c) 听完两名组员的意见后，再表明自己的看法。

3. 你在一段新闻报道中看到华盛顿特区正在游行。你心中的第一个念头是：

a) "新闻为什么要报道这件事情？"

b) "我听父母说起过这件事情。"

c) "我不知道这些人为何要游行。"

4. 一个同学邀请你下周参加他的生日派对，但你不确定是否应该带上一份礼物。你会：

a) 询问他的意见。

b) 和其他打算参加派对的人聊聊，看他们会不会带礼物。

c) 决定无论如何都要带上一份礼物。你可能会是唯一一个送礼的人，但你的同学会喜欢它的。

5. 你最喜欢的 T 恤衫不见了。你妹妹一直很喜欢它，可你不记得她是否问你借过这件衣服。你脑海中第一个想到的地方是：

a) 课桌里。也许你可以坐下来想想最后一次看到它是在什么地方。

b) 洗衣房。也许它被拿去洗了。

c) 你妹妹的房间。也许她把它借走了，或是知道它在哪里。

6. 关于万圣节集体装扮穿什么,你朋友有个很棒的主意!问题是,你觉得这有可能会冒犯一些人。于是你决定:

a) 和你认为有可能被冒犯的人谈谈。

b) 找到曾经穿过这套装扮的人的评价,看看他们对此的看法。

c) 判定不值得冒这个风险,选择新的装扮。

7. 开学第一天,你的老师制定了一项看似很不公平的规则。你会:

a) 举手询问他为何要制定这项规则。

b) 询问朋友班里的老师有没有制定同样的规则。

c) 判定他制定这个规则肯定是有充分理由的。

8. 有一天,你的好朋友情绪不佳,你似乎做什么也没有用。你会:

a) 询问他是否还好。

b) 思考朋友的生活中可能发生了什么令他沮丧的事情。

c) 猜测他只是处于情绪低谷,明天就好了。

9. 你整个赛季都在努力训练,但在星期六的比赛中,教练却几乎没怎么派你上场。坐在替补席上,你会:

a) 思考怎么做才能让自己变得更好。

b) 意识到你不是唯一没怎么上场的人。

c) 相信教练会尽量做到公平。

答案

多数选 A：你是个提问家！

面临棘手的决定或情形，你采取的第一步是提问：这是一项非常重要的技能！但要牢记，别止步于此。你应该确保自己花些时间寻找问题的答案，也要对其他的观点展开探讨。

多数选 B：你是个调查家！

作为一个聪明的思考者，你会直接进入研究模式。要想成为一个具备批判性思维的人，其中一部分就是知道如何找寻所需的信息。但在展开深入的调查之前，一定要花些时间确保自己钻研的问题是正确的。不管找到了什么证据，你都要保持开明的思想！

多数选 C：你是个思考家！

你的第一反应是去征求别人的意见，保持开明的思想（你可能也是个很好聆听者）。不过，要记得在思考的过程中采取其他步骤，尤其是提出正确的问题和评估证据。

概念概述

这些思考模式不存在孰优孰劣。重要的是，具备批判性思维的人对这三种模式都知道该如何应用！

"我喜欢科技,喜欢动手实践、脚踏实地。这既是我喜欢做的事情,也是我前进的动力。"

——理查德·蒂雷拉雷

年轻的马赛发明家,找到了能让狮子与自己所在的社区和平相处的聪明方法

批判性思考者的故事
理查德·蒂雷拉雷

理查德·蒂雷拉雷成长在肯尼亚的一个马赛人社区。那里靠近一座遍布野生动物的国家公园。和许多邻居一样,理查德一家也依靠饲养家畜为生。然而社区中几乎每晚都有狮子外出捕猎,杀死奶牛和公牛。这些狮子只是为了获取食物,但对理查德一家和他们的邻居来说,失去牲畜就意味着失去了金钱。社区中有些人认为，唯一的解决办法就是捕杀那些狮子。11岁的理查德讨厌狮子，却又想要寻找一种既能保护家畜、又不伤害这种食肉动物的方法。一天晚上，理查德发现，当他拿着手电筒靠近畜栏时，狮子就会躲得远远的。当时的理查德已经具备了电子学的知识（他甚至拆开过妈妈的新收音机，就为了搞清楚它的工作原理！）。他运用知识，制作出了名为"狮子灯"的发明，并把这种太阳能手电筒装在了畜栏附近。他家的房子再也没有遭到过狮子的攻击！很快，理查德的邻居也想要狮子灯，于是他又动手将它们装在了社区各处。十年之后，理查德的发明被用在了肯尼亚的700多座家宅中，保护着居民、牲畜和狮子。理查德现在对狮子是什么看法？"我非常喜欢狮子。我不明白我为什么不应该喜欢狮子。"

轮到你了

正如你在本章开篇读到的那样,想法、观点和信仰是有可能随着时间发生改变的。有些时候,它们的变化之大会对许多人产生影响。有些时候,它们的变化之小又只能影响到一个人。也许你的生活中也发生过这种事情。你有没有在这些方面改变过自己的想法呢?

曾经	现在

曾经	现在

曾经　　　现在

曾经　　　现在

曾经　　　现在

曾经　　　现在

"把注意力更多地放在阅读，而非成功上。不要不懂装懂，要举手提问。"

——米歇尔·奥巴马
美国首位非裔第一夫人

第2章
提出问题

批判性思维的第一步对于人们来说轻而易举：那就是提出问题！不过某些问题会引出更有意思的答案。

多彩多姿的世界

"差异性"是如今的一个常用词语。你在家中、学校里或是社交媒体中都有可能听说过它。差异性意味着"多种多样"。对于人类来说，关心差异性意味着承认并尊重每个人独特的身份与经历。当差异性不被重视，或是人们被禁止分享自己的观点时，取而代之的往往就是刻板印象（我们曾在第 15 页粗略提到过有关刻板印象的内容）。刻板印象是基于某些人的外貌和你对他们的有限经验形成的一种看法。刻板印象无处不在。以下几个例子就属于人们的刻板印象。你都听说过吗？

"所有的女孩子都喜欢粉色。"

"所有的男孩子都擅长运动。"

"女孩子不该剪短发"或者"男孩子不该留长发"。

"某些国家的人十分懒惰。"

"信仰某种宗教的人非常危险。"

"如果某人坐着轮椅，就有可能想要许多额外的帮助。"

思考时间

你有没有想过刻板印象从何而来？你有没有做过什么来质疑这些想法？找个笔记本或是一张纸，写一写（别担心写错或是没有写出"正确"的答案。有些时候，把事情写下来或者乱涂乱画都能帮助我们思考）。

刻板印象是有害的。拒绝接受刻板印象的方法之一就是对它们进行质疑（本章涉及的内容就是"提出问题"）。另一个方法是在意表达。这意味着要确保所有的观点都能得到分享，人人都有机会讲述自己的故事，特别是那些过去没有这种机会的人。

对我们周围的世界充满疑问是正常的。这些问题有大有小,有时还有可能引发辩论或争执。这些问题有你熟悉的吗?

"什么是自发性知觉经络反应?"

"为什么有些女孩戴着头巾?"

"什么是难民?"

"恐龙遭遇了什么?"

"这些人为何无家可归?"

"我为什么白天看不到月亮?"

"一天中什么时间最适合写作?"

"猫为什么那么爱睡觉?"

"食物的味道为什么和它们的气味不一样?"

"我们为什么要有夏令时?"

思考时间

你呢？你有什么疑问？在笔记本或纸上写下你的问题。你也许会发现问题层出不穷，那么就让它们来指引你！

如果你想成为一个具备批判性思维的人，拥有一颗好奇的心是很有帮助的。好奇心是学习与探索的欲望，在探险家、侦探、科学家、艺术家、记者和老师这些职业的工作中都能派上用场。他们就是通过提问来学习的。你还认识哪些拥有好奇心的人？

问题比答案更能令我们受教

有的时候提问很难。提出一个问题就意味着承认自己还未掌握所有的信息,并非是无所不知的。此外,我们喜欢答案。如今,人们在转瞬之间就能获取答案。知道答案的感觉很好,可有时提出对的问题才能解锁你一直都在寻觅的答案。

具备批判性思维的人会提出很多的问题。我们不知道其中哪些会引发世界上最重要的发现与发明。不过,我们可以想象思想深刻的人会提出类似这种问题:

"在一束光中旅行是什么感觉?"

——阿尔伯特·爱因斯坦

"如果将西方音乐与印度音乐相结合会发生什么?"

——菲利普·格拉斯[1]

"妇女在法律的制定方面没有发言权,那为何必须遵守法律?"

——伊丽莎白·卡迪·斯坦顿[2]

"我们怎样才能为蜥蜴和爬行类动物创造更好的动物园栖息地?"

——琼·比彻姆·普罗科特[3]

---

1 美国当代泰斗级作曲家、极简音乐大师。
2 美国女权先驱领袖,于1848年提出美国第一个为女性争取选举权的运动纲领。
3 英国著名的动物学家,国际公认的优秀爬虫学家。

或者，想象一位母亲在某个平凡的日子里边吃薄饼边问女儿：

> 如果在新的一年里你能改变一件事情，会是什么？

> 我会让班里、年级里的孩子——还有世界各地的孩子——都能读到以黑人女孩为主角的书。

这个问题和它引出的答案促使对话中的女孩玛丽·迪亚斯发起了一场运动，引起了人们对于儿童书籍缺乏多样性的关注。截至目前为止，玛丽的"#1000黑人女孩书籍"运动已经收集到了9000多册以有色人种女孩为主角的图书。

小测试：质疑你提出的问题

当你需要对某件事情下定决心（或是采取行动）时，首先要弄清自己要回答什么问题。阅读以下清单。每回答一次"是"，计1分。（用你的手指来计分）

☐ 你是否不确定问题的答案？

☐ 你的问题有什么目的吗？

☐ 你的问题需要不止一个"是"或"不是"的答案吗？

☐ 你的问题深刻吗？

☐ 你的问题具体吗？

☐ 你的问题能够引发对话吗？

☐ 你的问题简短吗？

☐ 你的问题容易理解吗？

☐ 你的问题是否不包含任何的信仰或偏见？

☐ 你的问题会引发更多的问题吗？

☐ 你的问题和犀牛有关吗？（开玩笑！这一题没有分数。抱歉！）

你得了几分？

如果得分为 0—4 分，那么你提出的就是一个"好奇的问题"。要想寻找它的答案可能并不困难，说不定还很有趣。

如果得分为 5—7 分，那么你提出的就是一个"有趣的问题"，那种有可能引发更多问题的问题。

如果得分为 8—10 分，那么你提出的就是一个"明智的问题"。针对这个问题，人类可能已经思考了数千年之久。你也许无法找到答案，但肯定能够从中获益！

概念概述

提出正确的问题能够揭示事物的核心。在进行批判性思考的阶段花费更多的时间，能让其他的步骤取得更大的成功。

"作为一个残疾女孩，我知道自己的故事并不悲哀。"

——梅丽莎·尚

青年作家，残疾人权益倡导者

批判性思考者的故事
梅丽莎·尚

对梅丽莎·尚而言,一切都始于一个问题:为什么残疾人只能以一种方式表现出来?梅丽莎10岁那年意识到,她拥有的玩具和阅读的故事中都缺少了某种角色:和她一样的孩子。她拥有许多娃娃,其中却没有一个娃娃坐着轮椅。她读过很多本书,可残疾的角色从不是书中的主角,他们的人生也总是悲惨至极。

梅丽莎身患肌肉萎缩症,坐着轮椅,却过着快乐的生活,拥有自己的朋友、爱好和家庭作业。在她阅读的书中,这样的女孩在哪里呢?梅丽莎制订了一项计划。她给自己最喜欢的玩具公司写信,要求他们考虑创作一个人生经历和她差不多的玩偶,然后发起了请愿。梅丽莎的请愿登上了报纸的头条,可玩具公司并没有回应她的要求。对梅丽莎而言,事情并没有就此结束。她决定亲自创作一个角色,写一本书。但出版商也拒绝了她。梅丽莎并未放弃,而是创办了一场众筹活动,与姐姐合作自费出版了一本书,讲述梅丽莎一直想要读到的女孩米娅的故事。自此之后,梅丽莎为《纽约时报》创作过一篇散文,还在TED大会[1]中发表过演讲,

---

[1] 以"传播一切值得传播的创意"为宗旨的国际知名演讲大会。

并在巴基斯坦活动家马拉拉·优素福·扎伊[1]获得自由勋章时为她做颁奖介绍,之后她继续坦诚地声援残疾人。这一切都源自她思考的一个问题。

轮到你了

请你的亲朋好友回答以下几个问题。这些问题有的十分严肃,有的可笑滑稽,但都能引人深思,让你有话可说,非常适合餐间闲聊、漫长的车程甚至是被记录在你的日志或笔记本里——当你想有一些时间去思考的时候。

---

[1] 为巴基斯坦妇女儿童争取受教育权利而成为最年轻的诺贝尔和平奖获得者。

?

如果你能改变学校里的一件事情,
你会改变什么?为什么?

什么事情能让你心生勇气?

如果仓鼠会说话,它们会说些什么?为什么?

如果你能变成书中或电影中的一个角色,
你会变成谁?为什么?

你愿意像猫一样蹦跳还是像狗一样奔跑？为什么？

你愿意回到过去还是穿越到未来？你想去哪一年？

什么能使一个人成为好朋友？

你愿意睡在一堆棉花糖上还是一堆小熊软糖上？为什么？

"抬头仰望星空，
而不是低头看向脚下。
试着理解你所看到的，
弄清宇宙为何存在。
永葆好奇之心。"

——史蒂芬·霍金
以研究黑洞著称的物理学家

第 3 章
收集证据

一旦弄清了要问什么问题,就到了开始收集证据的时候,这样才能更多地了解你感兴趣的主题。在寻找答案的过程中,我们都会先去求助一些什么。你可能有自己最喜欢的书籍、杂志、网页和播客,甚至是能够帮助你学习新科目的图书管理员。这些都是可以求助的好资源。不过,在你打算更深入地进行挖掘时,可能需要扩大答案的搜索范围,同时还要睁大眼睛留意可能与你的想法相左的证据!

环境

你可能一辈子都在听有关极地冰川融化、碳足迹和海洋变暖的事。环境是个至关重要的话题，能够引发人们的许多情绪与观点。并非所有人都认为气候变化是什么重要的大事，也并非所有人都认同应对气候变化的最佳方法。我们是否应该停止使用石油燃料（如汽油），转为使用电动汽车呢？政府是否应该针对如何用水制定规则？大家是否应该停止使用塑料袋？某些答案要比其他答案来得容易。在环境之类的问题上，我们很容易让自身的情绪（包括恐惧）占据上风。在与我们息息相关的问题上感到情绪激动是很正常的。但在面对棘手的重大问题时，坚持正确的思路也很重要。面对可能带来复杂结果的问题，收集证据就变得尤为要紧。

思考时间

寻找三则与环境有关的新闻（寻找能够呈现问题正反两面的国家新闻报道来源）。把它们放在一旁，读完本章。你将需要这些内容来完成第78页的活动。

收集证据的步骤

证据就是能帮助你寻找答案或做出决定的信息。在收集证据的过程中，要遵循以下三步。

1. **寻找信息。**
2. **建立联系。**
3. **从联系中得出结论。**

换句话说，收集证据的过程就像是完成一幅连连看拼图。

假设你是一名正在抬头仰望夜空繁星的古代探险家（几百年前，人们经常在夜里通过观星来为自己指引方向）。

1. 刚开始仰望天空时，你看到的只是许多明亮的光点。

2. 在这些星星之间画上线条，让它们彼此相连。

3. 将星星连好之后，你就能看出各种各样的形状了——这就是星座！此刻展现在你眼前的不再是令人困惑的星团，而是熟悉的形状，这些形状可以作为地图来引导你。

既然我们已经掌握了全局，那就可以回到第一步了：寻找信息。证据是由事实与观察组成的，它分为两类：

定性证据是指如何描述某事。定量证据指的是数字或测量。这就是通常所说的数据。

概念概述

证据是能帮助你证明或理解真相的事物。数据就是一种证据,它包括测量数据、统计数据或其他能被用来计算和推理的数字。证据、数据以及想法和感受都可以被用来得出结论。

★ 定性证据

1. 足球是黑白相间的。

2. 球队在室外。

3. 球队的名字叫作"霹雳队"。

★ **定量证据**

4. 图中有十五个人。

5. 十三名儿童和两名成人。

6. 五个人坐着。

收集证据的方法

假设你要完成一个与环境主题有关的科学项目,也许你的研究问题之一是:"花园肥料会对当地的动物和昆虫产生怎样的影响?" 找到答案的第一步是收集证据。无论你提出的是什么问题,或者探索的是什么主题,以下这些方法都能被用来收集证据:

观察

采访专家

阅读与该主题相关的内容

上网进行搜索

找人进行调查或投票

举行专项讨论会

进行试验

调查历史记录或文档

什么是信息来源？

信息来源就是能够提供信息的人或事。直接信息来源往往是事情的直接目击者（不过，直接信息来源也并非总是人类。日记或重要事件中的一件衣物也有可能成为直接信息来源。它们都是事件的直接证据）。

假设有人针对气候变化发起了一场抗议游行，你和朋友计划前去参加。可是，游行当天你病了。你的朋友只能独自前往。事后，如果你想要知道游行中发生了什么，要去哪里寻找信息呢？你可以上网浏览，或是查看社交媒体（这些都属于二手信息），但最可靠的信息可能还是来源于那位真正参与了游行的朋友。

并非所有的信息来源都拥有同等的效力，也并非所有的信息来源都是可靠的。无论信息的来源是一手还是二手的，考察其可信度或可靠性总是没错的。这就是下一章要探讨的内容！

小测试：你属于什么样的调查者？

遇到一个亟待解决或令人困扰的问题，你该怎么办？完成这项测试，发现自己的调查风格！

1. 历史课上，老师宣布所有人都要完成一份针对20世纪大事记的作业。你的第一站是：

a) 学校图书馆。图书馆总能为你指明正确的方向。

b) 姥姥家。她总是喜欢讲述自己的童年故事。

c) 网络。你想要搜寻一份历史大事记的清单。

2. 你和父母在饲养什么样的狗这一问题上产生了分歧。你想要一只比格犬，爸爸却说比格犬总是跑丢。你不太相信他的话，决定弄清事情的真相。你会使用的方法是：

a) 借阅一本有关比格犬的书籍。

b) 询问饲养了比格犬的同学。

c) 查询有关比格犬行为的统计数据。

3. 几个朋友晚上要来看电影！你选择的这部电影：

a) 预告片的内容很酷。

b) 是班上所有人都在谈论的。

c) 评分最高。

4. 你花了很长时间终于攒够了零花钱，可以去买自己一直想要的那双运动鞋。现在该怎么办呢？

a) 直接去商店！有关这双鞋的内容，你已经关注好几个月了！

b) 询问你的朋友，你穿这双鞋好不好看。

c) 比较不同商店和网店的价格，确保自己买到的价格是最划算的。你会愿意给自己多省些钱的!

5. 你所属的童子军想为地球日开展一项社区服务项目。下次开会时,每个人都必须带上一份项目构思清单。你会在开动脑筋之前做些什么?

a) 去社区网站上看看其他人在做什么项目。

b) 询问父母是否知道什么需要志愿者的组织。

c) 查询童子军通常在地球日开展的项目前五名。

6. 你想骑车去兜风,但脚踏板坏了。你要怎么修理它?

a) 观看修理自行车的视频。

b) 找爸爸或者妈妈帮忙。

c) 查阅产品型号和售价,开始攒钱买新的。

7. 今年夏天，你想报名参加市游泳队，但游泳队集会的时间正好在你的创客俱乐部开会之前，地点还在城市的另一边。为了帮助自己做出决定，你会：

a) 查看你能被允许缺席多少次游泳队集会。

b) 和朋友聊聊你该怎么办。

c) 计算从游泳馆开车去参加创客俱乐部会议的时间。你完全可以按时赶到！

8. 你开始上吉他课了，终于可以学习如何弹奏自己最喜欢的歌曲！你决定：

a) 找一段录音，这样你就可以边听边学了。

b) 请吉他老师帮你想办法。

c) 上网查找可模仿的吉他和弦。

如果你选择的结果……

多数为 A：你是个典型的研究者！

需要信息时，你的第一直觉是去翻书——或是上网——查阅你能读到的一切资料！仔细核实你的信息来源，不要读到什么就相信什么（针对这一点，本书稍后会进一步阐述！）。

多数为 B：你是个社会科学家！

寻求答案时，你知道该诉诸何处：求助他人！不管是朋友、家人还是专家，你依赖于从别人那里获取有用信息。

多数为 C：你是个数据控！

开启研究模式时，你会首先选取定量数据——数字、统计数据和概率。这能为你带来坚实的基础，但要记住，数字并不代表事情的全貌。

"你的所作所为能够创造不同,但你必须决定自己想要创造哪种不同。"

——珍·古德博士

因对黑猩猩展开实地研究、支持环境保护行动主义而备受尊敬的科学家

批判性思考者的故事

珍·古德博士

珍·古德博士是我们这个时代最著名的科学家和环保主义者之一。然而在20世纪60年代,她只不过是个颇具冒险精神、好奇心很强的年轻女子。古德博士26岁时前往贡贝溪自然保护区(如今的坦桑尼亚贡贝溪国家公园)研究黑猩猩。当时,除了在电视和电影中看到过的内容以外,人们对黑猩猩的了解并不太多。起初,古德博士的研究困难重重。她既没有实地考察的经验,也没有大学学位。更糟糕的是,黑猩猩不愿意靠近她或其他任何人类。过了好几个月,黑猩猩终于开始信任古德博士。接下来的五十多年中,她在研究黑猩猩的过程中有了许多令人惊讶的发现。首先,最具争议的是,黑猩猩会使用工具。在此之前,人们一直以为人类是唯一一种会使用工具的动物(参考第 20 页,你就能明白这为何至关重要)。古德博士还发现,黑猩猩也会表达情感。它们以家庭为单位生活,以植物和肉类为食。最后,她发现黑猩猩的栖息地正面临危险,于是开始采取保护行动。古德博士在黑猩猩领域的研究工作,使她产生了帮助世界各地野生动物的愿望,并教导他人关爱地球。

古德博士的许多成就来自她作为一个批判性思维的思考者和谨慎的研究者的能力。她带着许多关于黑猩猩和它们的行为的问题来到贡贝溪国家公园，比如：黑猩猩在野外的行为是怎样的？它们以什么为食？黑猩猩之间如何交流？以下就是帮助她寻找答案的几种证据收集方式：

★ 观察

古德博士刚到贡贝溪国家公园时，每天都会带上笔记本深入雨林，最多会待 12 个小时，将自己的一切见闻都记录下来。黑猩猩胆小，但古德博士既有耐心又执着。

★ （更多地）观察

古德博士还与一位电影制作人合作，将黑猩猩的行为记录了下来。

★ 进行试验

她利用香蕉——黑猩猩最喜欢的食物——进行实验，帮助她了解黑猩猩的能力。

★ 采访专家

多年来，古德博士一直在与黑猩猩栖息地区域内的其他研究者和居民合作（并对他们进行采访）。

★ 研究主题

1962年，古德博士返回学校，获得了动物行为学的博士学位。

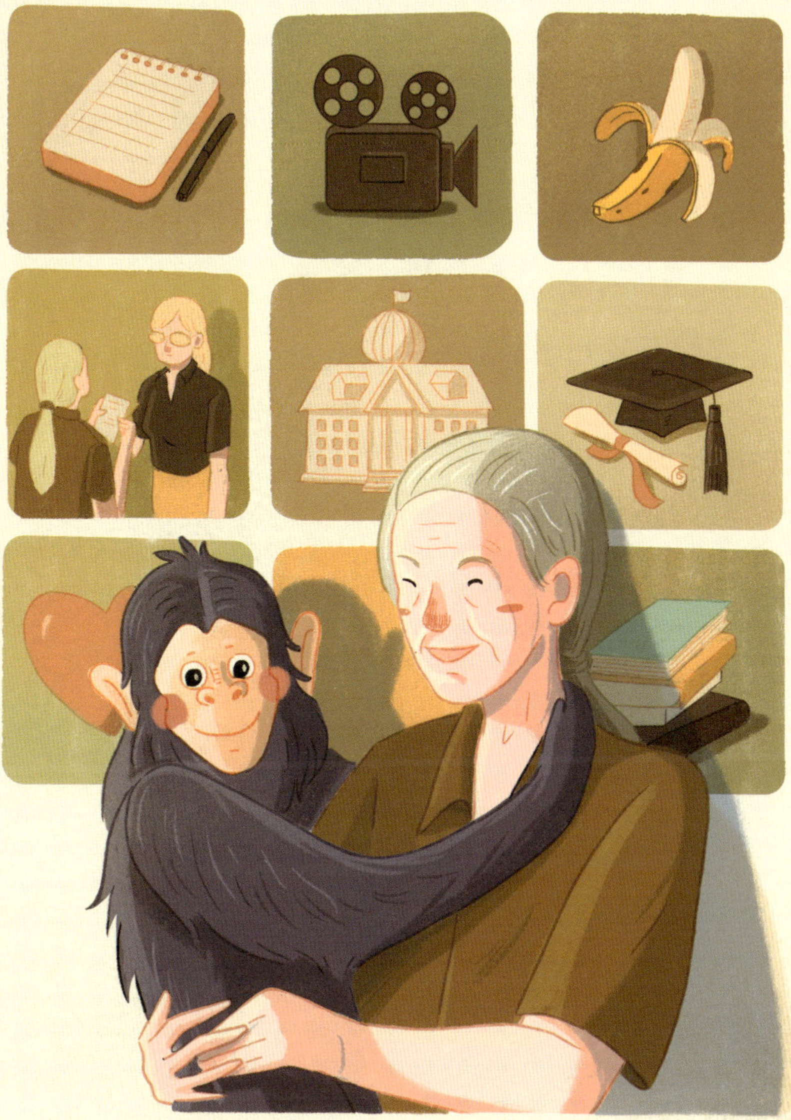

轮到你了

还记得本章开头你找到的新闻报道吗?是时候对它们加以利用了。阅读每一篇报道,然后回答以下问题(将答案写在另外一张纸上)。

报道的标题是什么?

报道的作者是谁?

标记出所有的定性证据。

标记出所有的定量证据。

报道引发了你怎样的思考?为什么?

报道中有没有使用任何的一手资料?

报道中有没有使用任何的二手资料?

思考时间

古德博士采用的做法中,你认为哪一条是最重要的?哪一条在你听来最有意思?

"真相比事实更重要。"

——弗兰克·劳埃德·赖特
建筑师,因其创意和与土地的联系而著称

第4章
评估证据

说到批判性思维，仅仅收集信息是不够的。如何处理信息同样至关重要。如果你想得出结论或做出决定，证据能够帮助你达到目的。把它看作是你思考之旅的燃料吧。不过，并非所有的证据都具备同等的价值或权威，也并非所有的证据都是有用或相关的。这就像是早餐。医生告诉我们，早餐非常重要，因为它能为我们提供一天所需的能量。一只涂了糖浆的甜甜圈和一碗燕麦粥都是早餐食物，但是它们的营养价值和对我们能量水平的影响却不尽相同。证据也是如此。某些信息可以充当帮助我们做出决定的燃料，其他信息则会分散我们的注意力或是造成误导。本章要阐释的正是如何思考信息，如何判定信息是否重要或具备价值。

社交媒体

对于许多人而言，社交媒体是日常生活的一部分。即便不是如此，发生在社交媒体上的事情也会在很大范围内影响我们的社会和文化。社交媒体已经成为我们平日里习以为常的重要组成部分，以至于科学家、心理学家和医生都开始着手对其进行研究。每天都有更多针对社交媒体如何影响人们和社会的信息出现。在互联网上快速搜索一下，你就能发现许多使用这种技术的利弊。

不过,尽管掌握了这些信息,人们对于社交媒体在我们的生活中应该扮演什么角色往往还是意见不一。有些人认为它会致人上瘾,伤害现实中的人际关系。其他人则认为它有助于我们与其他人的联系与交流。我们能够获取的信息是一样的。那么,为什么人们对社交媒体是好是坏还存在分歧呢?

> **概念概述**
>
> 人们会通过不同的方法来使用证据。具备批判性思维的人会评估信息的重要性、准确性和相关性。

让我们来看看社交媒体的用途。以下是不同的人在这个问题上可能产生的想法:

@ 青少年

"我所有的朋友都在使用社交媒体。没有它,我怎么知道发生了什么?"

@ 网络名人

"我是在社交媒体上走红的!"

@ 家长

"我喜欢利用社交媒体与家人保持联系。但我希望我的孩子不要过多地使用它。"

@ 科学家

"社交媒体对我们的生活并非是必不可少的。它纯属娱乐。我们应该限制自己对它的使用。"

@ 狗

#无可奉告

@ 虚假消息

"只要我愿意,想说什么就说什么。"

人们之所以会得出不同的结论，原因之一在于大家的观点和经历各异，从而影响了针对具体事件的思考方式（我们将在第 5 章中讲到这一点）。根据同一证据，人们会得出不同结论的另外一个原因在于，他们对证据的评估是不一样的（或者说，人们有时根本不会评估证据。呃……）。

想象一下，你在社交媒体上听说猫能像狗一样吠叫，只不过大多数时候选择不发出这样的叫声。你要采取的第一步就是对基本事实进行核查。

事实核查入门

事实是一种可以被证实的陈述。观点则是对某种看法的陈述。

"每一个苹果含有超过 4 克纤维"属于事实。

（可以被证实）

"苹果是世界上最好的水果"属于观点。

（无法被证实）

对信息进行事实核查意味着你要对它进行研究，搞清它是否可以被证实。数字、数据、名称和其他细节都是相对比较容易核实的。但你也要思考得出的结论，以及主旨是否有整体意义。在进行事实核查的过程中，你可以提出以下几个问题：

1. 信息的来源是哪里？

在会吠叫的猫的例子中，信息的来源是推特[1]。

---

1 美国知名社交网络及微博客服务网站。

2. 信息的来源是一手的还是二手的?

发布这条推特信息的人其实并没有听过猫吠叫,而是从别处听到这个信息的。她拥有的是二手信息来源。

3. 如果信息的来源不是一手的,你能找到其一手来源吗?

可以。发布这条推特信息的人链接到了她找到那篇文章的网站。该文也属于二手信息来源,但文章的内容包含了一段采访,被采访者是一名听过猫吠叫的兽医。这名兽医就是信息的一手来源。

4. 信息的一手来源和二手来源(推特内容)告诉你的一致吗?

是的,兽医肯定了推特上所说的内容。

5. 信息的一手来源和二手来源可靠吗?

在这个事例中,文章有作者吗?网站看上去是以发布真实信息著称的吗?文章中的这名"兽医"真有其人吗?他真的是一名兽医吗?

6. 你能否找到可以支持这条一手信息来源的其他信息来源?

是的,你能够找到其他文章,提供关于猫咪叫声的类似信息,包括其他猫咪专家。此外,你还能找到一些猫吠叫的视频。

如何发现虚假信息

数字世界充满了信息。但你有没有想过，传播错误信息有多容易？视频可以通过编辑程序来伪造。看似新闻报道的网络文章其实可能只是想向你兜售一件商品。更糟的是，它们有可能是用来故意误导或恐吓他人的。就连"新闻"报道也并非永远都是可信的。

那该怎么办？

下面这个例子讲述的是奥巴马总统执政期

虚假新闻

间社交媒体上反复传播的一则虚假新闻。这篇报道完全是虚构的，却被许多人信以为真、不断在社交媒体上分享。这样的虚假消息今天仍有人在继续传播。

奥巴马总统签署了取缔效忠誓约的行政命令

本周,奥巴马总统签署了一项行政命令,禁止在一切体育赛事和公立学校中宣读效忠誓约。这一惊人举动令两党议员备感震惊。"我们确实措手不及。"一位不愿透露姓名的参议员表示,"不过我们计划诉诸法庭。任何人背诵宣言的自由都绝不应该被剥夺。"根据这项新的禁令,任何被发现公开背诵誓言或鼓励他人这样做的人都会面临1万美元的罚款或最高6个月的监禁。在今天早上的新闻发布会上,总统承认这是一项艰难的决定,但表示他认为誓言中使用的语言会"造成分裂",在体育赛事中造成"敌对的环境"。副总统拜登告诉记者:"总统别无选择。这是很久以前就该做的事情。"

你在网上看到的所有文章并非都是事实,也并非都是由值得信赖的作者创作的。区分广告(赞助内容)、真实的新闻报道和虚假的新闻报道十分重要。每读到一篇文章,你都要询问自己以下几个问题(利用上一页上的"虚假新闻"来练习)。

1. 文章是谁写的?

广告或虚假的新闻报道往往会删除作者的姓名。

2. 你能找到作者的个人简历吗?

即便作者的名字在列,那也不一定是个真人的名字。试着寻找更多有关作者的信息,看看他是否真实可信。

3. 这名作者是否写过其他你能找到的文章?

这将有助于你判定作者是否真实可信。

4. 文章提出的主张是什么?

看看你能否弄清文章的主旨,发现作者做出了哪些不同的陈述。你能否核实这些事实?它们加在一起是否言之有理?

5. 文章发表在什么地方?

某些网站和信息来源会比其他的地方更加可靠。意识到信息的来源可能存在哪些偏见也很重要。

6. 文章给你的感受如何？

在阅读一篇文章或观看一段视频时，感到愤怒、恐惧和快乐等情绪是很正常的。和广告、假新闻一样，真实的新闻报道也能触动我们的情绪。区别在于，假新闻的主要目的在于让你感受到愤怒或者恐惧之类的强烈情绪。

事实核查是一个重要的步骤。评估证据时，你也会想要更加深入地挖掘，看看论证的是什么。从逻辑上来讲，论证并不是辩论或什么令人生气的对话，而是一系列旨在支持某个特定结论的陈述。

谬误

评估证据的一个重要部分就是找出所提的论点。逻辑谬误是会削弱论点或使论点遭到怀疑的思维错误。和刻板印象一样,它们都是人们为了偏离论点而使用的懒惰(且令人困惑的)方法。我们可以声称:"我认为社交媒体应该被取缔,因为它很容易遭到误用。"看看人们是如何利用最常见的谬误来做出回应的。

★人身攻击谬误

在拉丁语中,"Ad hominem"的意思是"针对个人"。这种论证专注于针对个人而非其论点或主张发起攻击。

> 哦,你是一个讨厌新科技的家伙。

★ 稻草人谬误

这种论点会歪曲或夸大人们正在讨论的问题。

> 我简直不敢相信,你竟然认为完全无罪的人应该为使用社交媒体而被关进监狱。

★ 乐队花车谬误

这种论证主张,受欢迎的观点或众人都相信的观点肯定是真的。

> 我班上所有的同学都在使用社交媒体。他们喜欢它。

★ 滑坡谬误

这类论证会假设,如果允许一件事情发生,它就会自动引起连锁反应。

> 没门。如果我们宣布取缔社交媒体,那么现实生活中的对话很快也会被认定是非法的。

★ 逃避话题谬误

在这种逻辑谬误中,发言者谈论的不是原本的论点,而是会故意引入新的论点或主张,以转移话题。

> 如果你真的在乎健康,就得锻炼身体。

★ 虚假两难谬误

这种论证会错误地推测某件事只存在两种可能的结论。这有时也被称为"非黑即白"思维。

> 我们要么就取缔社交媒体、保持健康,如果不取缔,我们就会变成没有头脑的蠢货。

★ 诉诸主观情感谬误

这种谬误不会进行反驳,反而会发表操控其他人情绪的主张。

> 这太苛刻了。想想看,这样一来,远隔千山万水的亲朋好友联系起来有多困难。

★假性因果谬误

这种论证错误地推测,由于两件事情发生在同一时间,因此其中一件肯定是由另一件所引发的。

> 他们宣布取缔社交媒体,导致欺凌弱小的情况激增!

小测试：指出这是哪种谬误！

逻辑谬误听上去并非都是错误的。这就是批判性思维为何如此重要的原因！利用你在上文中学到的内容，辨别以下论述中的逻辑谬误。答案参见第 104 页。

❶ "超过半数的美国人都相信外星人，所以外星人肯定是真实存在的。"

a) 假性因果谬误

b) 乐队花车谬误

c) 虚假两难谬误

②．"在这场考试中作弊没有关系。想象一下，要是你考得不好，父母该有多难过！"

a) 滑坡谬误

b) 逃避话题谬误

c) 诉诸主观情感谬误

③．"你要是不支持我们的政党，就是不爱国。"

a) 虚假两难谬误

b) 乐队花车谬误

c) 假性因果谬误

④．"如果我完成不了这份作业，就考不上大学，那我就永远找不到好工作。"

a) 诉诸主观情感谬误

b) 滑坡谬误

c) 逃避话题谬误

5. "昨天我头疼,但后来喝了些橙汁就不疼了。橙汁是治疗头疼的好东西!"

   a) 假性因果谬误

   b) 逃避话题谬误

   c) 乐队花车谬误

6. "肖尔市长竟然认为加税是个好主意。她不太聪明。"

   a) 虚假两难谬误

   b) 人身攻击谬误

   c) 滑坡谬误

7. "我知道你没有入选学校的音乐剧很难过,但是想想那些连戏剧社都没有的学校吧!"

a) 逃避话题谬误

b) 诉诸主观情感谬误

c) 假性因果谬误

8. "詹姆斯说鲨鱼是他最喜欢的东西。我简直不敢相信他不喜欢海豚!"

a) 稻草人谬误

b) 人身攻击谬误

c) 乐队花车谬误

答案

1.b 5.a

2.c 6.b

3.a 7.a

4.b 8.a

"这么多人受到'放学后'应用程序的负面影响,这为我们敲响了警钟。"

——茉莉·英格斯

学生积极分子,"网络上的你"校园俱乐部主席

批判性思考者的故事
拉特兰高中的学生

对于佛蒙特州拉特兰高中的学生来说,社交媒体引发了一个严重的问题:网络暴力。"放学后"是一款流行的应用程序,允许学生们匿名发布学校里发生的事情。该应用程序的发明者声称,它的用途在于帮助学校各团体和学生分享有关活动和当地事件的信息。但包括拉特兰高中在内的某些学校里,这款应用程序却成为了学生们发布伤害彼此的负面消息的地方。许多学生因此遭到严重的网络暴力。学生们没有等待管理员和家长来解决这个问题,而是一起寻找解决方案。一个名为"网络上的你"的学生俱乐部提倡宣扬数字公民的责任意识。该俱乐部与其他学生合作制定了"两步策略"。首先,他们请求应用程序发明者从软件中删除他们学校的留言板,随后在校内发起了一场积极的运动,邀请学生们为彼此写下鼓励性的积极信息,将其张贴在学校各处。学生们的积极行动很快引起了州内各方人士的关注。佛蒙特州州长彼得·舒姆林表示:"这场学生运动让我意识到,各个年龄段的人都能做出正确的事情,并在此过程中传递出强有力的讯息。"

轮到你了

让我们来练习一下证据的评估。你对社交媒体的应用有何看法?它是健康的,还是不健康的?还是两者皆无?抑或是两者都有?花15分钟对该主题进行一些研究。把你查到的所有看法都写在一张纸上,然后运用你在本章中学到的方法对其进行评估。你能得出结论了吗?

"你永远不可能真正了解一个人,除非你从他的角度去看问题……除非你钻进他的皮肤里,像他一样走来走去。"

——哈珀·李

凭借小说《杀死一只知更鸟》荣获普利策奖的作家。
该书探讨的是种族歧视时代的种族主义

第 5 章
产生好奇

你可能以为,一旦找到信息、完成评估,就该对问题做出决定了。当然,你在搜索信息的过程中自然而然会开始得出一些结论。不过先别急着冲过终点线!在完成评估证据、得出结论之前,还有一个非常重要的阶段。你可以称之为"好奇"阶段。

在这一阶段,聪明的思考者会:

思考其他的观点

检验自己的观点

明白情绪的力量

培养同理心

外来移民

如果你生活在美国,家族中很有可能就有外来移民。这个外来移民可能就是你本人,或是你的父母,又或许是家族中的祖先——祖父母、曾祖父母或远房表兄妹。美国的过去与现在都充满了移民的故事。

到底什么是外来移民?按照简单的定义来说,外来移民就是离开自己出生的祖国、移居到一个新国家的人。所有国家都有外来移民,因为人们总是出于诸多原因而从一个国家迁往另一个国家。"难民"一词是指由于战争、暴力或自然灾害的缘故，自己的国家变得不再安全，从而移居其他国家的人。近些年来，有关外来移民和难民的报道在新闻中越来越常见。和本书中提到的气候变化等其他话题一样，外来移民问题也会引发人们心中诸多不同的观点与情绪。一旦涉及到恐惧和愤怒之类的强烈情绪，你很难清醒地展开思考（在本章中，你将学习如何应对这一问题）。不过，透彻地思考问题能够帮助你了解如何应对这些强烈的情绪。

思考时间

以下是人们在谈及外来移民时可能提出的问题。

> 我们如何判断哪些人可以成为我们国家的移民,哪些人不可以?

> "非法移民"是什么意思?

> 外国人成为本国公民需要多长时间?这个过程是难是易?为什么?

> 什么是驱逐出境?

人们移民到别的国家的原因有什么?

如果我们不允许难民进入,会发生什么?如果允许,又会发生什么?

外来移民对美国有哪些贡献?有可能带来哪些方面的坏处?

你知道这些复杂问题的答案吗?如果不知道,有什么方法可以找到答案?

思考其他的观点

正如你在上一章中读到的那样,人们基于相同的证据却会得出不同结论的原因在于,大家针对某一特定问题的看法或观点不同。让我们从一个简单的例子来着手。想象你正在剧院里观看一部音乐剧。你对音乐剧的体验和实际看法会根据你是谁、你坐在哪里而有所不同。坐在前排的观众和楼座最后一排观众的视角和体验是大不相同的。

现在,让我们用"外来移民"的话题重新思考这个问题。在移民的相关问题上,一个人如何判断往往依赖于他们的身份和观点。考虑一下以下问题:"我们如何决定允许谁移民、不允许谁移民?"以下这些人的观点有何不同?找一张纸,写下你的答案。你自

"后面这里真的好暗。"

"这部剧我已经看过20遍了。真够无趣的。我已经等不及要换班了。"

"这段音乐是剧中最棒的一部分了!"

"这是我看过最优秀的剧目!"

"我几乎一句台词都听不到。真是一个令人困惑的故事。"

"真希望我能看到舞台。"

己认不认识以下任何一种人？如果认识，你可以让他们分享一下自己的观点。

一个刚刚到达美国的外来移民。

一个父母属于非法移民、在她出生之前就搬来美国的人。

一个生活在美国边境附近的人。

一个从未遇见过外来移民的人。

一个只与外来移民发生过不愉快互动的人。

一个没有与外来移民发生过不愉快互动的人。

一个因为战乱而离开祖国的难民。

检验自己的观点

在批判性思考的过程中,还有另外一个观点你也应该考虑——那就是你自己的观点。无论是什么问题或议题,每个人都有自己的看法。我们的观点是由自身的知识和生活经历形成的。仔细探究,你还能发现另外两件值得探讨的事情:你的假设与推理。

"假设是一个人认可的真实的信念,不怀疑它的真实性。"

"推理是一个人基于收集到的证据或所做的假设得出的结论。"

举个例子,你看到一个朋友走进了校医室,就得出了她肯定生病了的结论。你的假设是,人们生病时才会去看校医。你的推理是,朋友去了校医室,所以她肯定生病了。

一个真实世界里的例子

我们的假设在形成我们的观点时起到了一定的作用。不过,假设并非永远都是可信的。假设与推理可能是正确的,但也有可能是错误的,或是基于错误的证据。这就是对它们心生好奇为何如此重要。在以下这个例子中,注意人们的假设会以怎样不同的方式影响他们对一个新移民家庭搬到附近的反应。

思考时间

你对别人有着怎样的假设?找一张纸,把它们写下来。

★ 邻居 #1

假设：一个人永远不会因为好的理由离开自己的祖国。

推理：这个背井离乡的移民家庭肯定是因为什么糟糕的理由才离开祖国的。他们可能正在躲避警方的追捕。

★ 邻居 #2

假设：大部分新的外来移民都不会说英语。

推理：我不敢做自我介绍，因为他们可能听不懂我在说些什么。

★ 邻居 #3

假设：外来移民在一个陌生的国家里肯定举步维艰。

推理：下一次在外面碰到我的新邻居，我会邀请他们来吃晚饭。

明白情绪的力量

快乐、悲哀、愤怒、希望和其余所有的情绪本身并没有好坏之分，却拥有强大的力量。它们可以让人们说出和做出惊人的事情，也可以让人们做出可怕的事情（以及许多介于两种极端情绪之间的事情）。

在某种论点看来（还记得第98页的定义吗），情绪可以被用来激发别人，或是说服他们改变心意。情绪也可以被用来控制别人及其想法。这其实是一种被称为"诉诸主观情感"的逻辑谬误。在这种谬误中，一个人会故意——且往往不公平地——试图在某人的身上制造情绪反应，而不是创造可供辩论的论点。试图让别人明白你的观点没有问题，但这二者之间是有区别的：

会将情绪加诸在事实、逻辑和推论之上。

（聪明的思考者）

（逻辑谬误）

会用情绪来替代事实、逻辑和推论。

发现"诉诸主观情感谬误"并非总是易事，但还是有很多方法可以做到的。当你听到或读到一个论点时，要注意这种模式：

主张 ➡ 情感诉求 ➡ 行动呼吁

注意到缺少了什么吗？这其中并没有出现任何的证据或事实。

这里有两个截然不同的论点，讨论的是难民是否应该被允许进入美国。

"我们放了太多的难民进入这个国家。上个星期,我和邻居聊了聊。他被解雇了,现在买不起食品杂货,也付不起房租。这太糟糕了。我们必须停止允许人们进入这个国家,以免所有人都丢掉自己的饭碗。"

"我们没有让足够多的难民进入这个国家。我在社交媒体上看到过一个故事。一个家庭因为战乱不得不离开祖国,现在无家可归。他们该怎么办?我们需要让更多的难民进入这个国家,这样他们才能安全。"

这是两个截然不同的论点,但都是"诉诸主观情感谬误"的例子,其中包括主张、情感诉求和行动呼吁。不过它们没有一个属于可靠论证,因为二者都缺失了证据与逻辑。

想不想再听一个发现"诉诸主观情感谬误"的小窍门?留意某人的论证是否会让你感到害怕或是愤

怒。无论何时，当政客或某个人在新闻或社交媒体中说了什么令你心生恐惧或怒火中烧的话，是时候暂停一下，对他们所引发的情绪感到好奇了。

这个人的论证可靠吗？或者说，他们是不是在用逻辑谬误扰乱你的情绪？

培养同理心

最后一步就是培养同理心。其实在本章内容中，你一直都在学习这一点。那么，什么是同理心呢？

> **概念概述**
>
> 同理心就是想象和理解他人思维、情绪和经历的能力。有些人把它称为"站在别人的立场上思考问题"。

在追求智慧型思考的过程中,培养同理心能够帮助我们记住,观念、论点和新闻故事的背后是人。你可以在思考其他的观点、检验自己的观点和明白情绪的力量的同时培养同理心。因为在大部分时间里,如果你透过观念和论点去看,就会看到想要被聆听和理解的人。

小测试：可靠的论证？还是诉诸情感？

分辨某人在展开论证时是否利用了情感，或是用情感代替了论证，并非总是易如反掌。阅读这些说法，看你能否分辨可靠的论证与逻辑谬误之间的区别。

1. "我知道我告诉过你妈妈，我会在你训练结束后去接你，但我今天过得真的非常糟糕。你不会相信午餐时我遭遇了什么！"

- 可靠的论证
- 诉诸情感

2. "只因为某几个人违反了规定就让全班受罚是不公平的。我们很难过，因为我们大部分人都按时交了作业。"

・可靠的论证

・诉诸情感

3. "如果我当选班长,就会发起一场停止霸凌的运动。有些孩子非常害怕来上学!我们的辅导员说,学校里半数以上的人都曾遭到过霸凌。"

・可靠的论证

・诉诸情感

4. "市里应该为松树溪的溪水污染问题做些什么。想想那些不得不生活在脏水里的可怜鱼儿吧!"

・可靠的论证

・诉诸情感

5. "你真的应该系好安全带。想象一下,如果出了车祸,系上安全带能够将你受伤的风险降低45%。"

· 可靠的论证

· 诉诸情感

6. "糖对你没有好处。如果你摄入的糖太多,所有的牙齿就都会腐烂脱落。"

· 可靠的论证

· 诉诸情感

7. "如果我们不通过这条法律,就会发生可怕的事情!"

· 可靠的论证

· 诉诸情感

答案

1. 诉诸情感
2. 可靠的论证
3. 可靠的论证
4. 诉诸情感
5. 可靠的论证
6. 诉诸情感
7. 诉诸情感

"第一次分享我的故事是一种彻底的释放,就像说出了一个秘密……看到全社会、朋友和老师是如何支持我的,我的心中充满了希望:改变是有可能发生的。"

——克里斯蒂娜·希门尼斯·莫雷塔

社会公正行动的组织者,以年轻人为主导的全美国最大规模移民权利组织创始人

批判性思考者的故事

克里斯蒂娜·希门内斯·莫雷塔

克里斯蒂娜·希门内斯·莫雷塔还是个少女时,父母便举家从厄瓜多尔移居到了美国。他们在厄瓜多尔的生活十分艰苦。她的父母相信,他们需要搬去美国才能让克里斯蒂娜和弟弟逃离贫穷,接受良好的教育。克里斯蒂娜的父母到达纽约时属于非法移民——克里斯蒂娜和弟弟也一样。那是他们的人生中一段可怕的时期。一家人无法返回厄瓜多尔，却也没有成为美国公民的清晰途径。作为非法移民，克里斯蒂娜在美国的生活举步维艰。她说自己一直处在对警察的恐惧之中，担心工资会被雇主偷走，还要担心遭到遣返。克里斯蒂娜长大后考上了大学，开始分享自己的移民经历，发现还有其他人也曾有过和她类似的经历。不过，她的努力并没有止于对经历的分享。克里斯蒂娜开始将移民组织起来，想方设法让政府听到这些人的呼声。她与别人合作创立了"我们共同的梦想"组织，支持美国各地的非法移民。2018年，克里斯蒂娜凭借自己为移民付出的努力进入了《时代》杂志"全球最具影响力的100位人物"名单。

轮到你了

锻炼同理心的一个简单方法就是去阅读别人的人生故事。去图书馆借阅一本自传或传记（自传是某人对自己人生故事的记录，而传记是对别人人生故事的记录），列一份清单，写出你想要进一步了解的古今人物，然后让图书馆馆员帮你寻找那些人的人生故事！

即便年纪还小，你也能分享自己的人生故事和观点。试着为自己写一份自传——通过打印、手写、绘图甚至漫画小说的形式把它表现出来。这能帮你更好地理解自己，明白自己的世界观。以下是你可能想要涵盖在自传中的一些内容：

你的出生年月和出生地

一段对你家人的描述

你遇到过的最有趣的事情

你克服过的一个困难

一段对你朋友的描述

你对未来的梦想

你喜欢做什么有趣的事情

"好的决策机制的
关键不在于知识,
而在于理解。"

——马尔科姆·格拉德维尔
研究人类思维与决策的记者、作家

第6章 得出结论

我们终于来到了许多人在批判性思维过程中试图草草达成的一步。正如上文所说，从提出问题到得出结论，走一条捷径的确十分诱人。但是，想想所有的步骤——还有重要的信息——你会在这中间错过的！让我们回顾一下学过的内容。

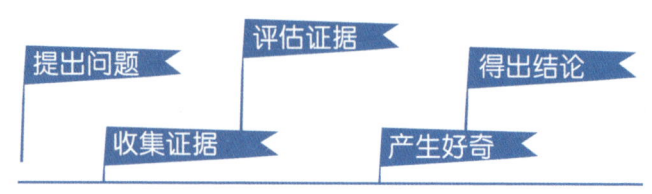

提出问题 → 收集证据 → 评估证据 → 产生好奇 → 得出结论

批判性思维的过程

现在是时候得出结论了（你也可以把这看作是做出决定或找到答案）。

> **概念概述**
>
> 得出结论是批判性思维过程中的最后一步，是以推理和证据为基础的。

自我保健的趋势

健康是当今流行的话题。你可能听过不少成年人谈论为了有益身心健康应该去做哪些事情，比如食用营养丰富的食物、保持积极的状态。你可能也听人们说起过应该避免的有害事物，比如酒精和毒品。有些时候，关于健康的话题听上去更像是需要遵守更多的规则，但我们确实有充分的理由去思考这些事情。如何对待自己的身心——在此过程中投入些什么——会影响我们生活的许多方面。它可以影响我们的感觉、想法、我们做出的选择以及我们与他人的关系。

不管是谁都会有生理和心理上的需求。在如何满足这些需求或这些需求是否重要的问题上，人们经常产生分歧。说到健康，你可能会听到许多相互矛盾的观点与看法。这就是批判性思维为何如此重要的原因。

健康的习惯

你照顾身心的方法有哪些？从以下列表中选取你最喜欢的方式，把它们写在笔记本上。在你某天心绪不佳或是身体不太舒服时（因为谁都会遇到这种情况！），回过头来看看这些内容。

- 食用健康的食物
- 足量饮水
- 充足睡眠
- 锻炼身体
- 和他人分享你的感受与想法
- 花些时间亲近动物

- 花些时间亲近自然
- 抽空放松一下
- 限制屏幕使用时间
- 练习"正念"
- 通过绘画、写作、音乐或舞蹈表达自我
- 做些纯粹为了消遣的事情

思考时间

"正念"意味着专注当下,尤其是那些通过五官能够注意到的事物。这里有一个快速进入正念的方法。坐在椅子或地板上,闭上双眼,深呼吸。保持两秒,然后缓慢吐气。重复这个动作约五次。每当你的大脑需要休息时,都可以使用这个练习!

如何得出结论

在得出结论的过程中,以下几点非常重要:

重温原先的问题

回顾证据和你学到的内容

考虑你的价值观

你可能还想再加一步?

休息一下!

独立思考并非易事。有的时候,让大脑休息一下是件好事(如果你需要什么创意,可以尝试第140—141页上的其中一项活动!)。

考虑你的价值观

价值观就是你认为重要的个人信念。个人、家庭和其他群体都可以拥有自己的价值观。在我们做出决策的过程中,价值观总是能发挥一定的作用。事实上,价值观真的可以帮助我们来做决定。下面就例举了人们可能拥有的价值观。

★ 诚实

> 我觉得人们应该永远诚实地说出自己心中的想法与感受。

★ 善良

> 我不会为了和伊莎贝尔、麦克斯出去玩而取消和露西的计划。

★ 守时

> 我们要提前五分钟出发,免得奶奶等我们。

★ 健康

> 我会早早上床睡觉,因为我想确保自己睡眠充足。

你觉得你的家庭价值观是什么?或者你自己的价值观是什么?这些价值观中有没有哪一点是自相矛盾的?或是会导致不同的结论?不确定吗?试试第148页上的小测试。

诉诸实践

想象你不小心听到几个同学在谈论抽烟或吸电子

烟的事情。他们在争论这些习惯是否真的对人有害。其中一个同学表示，吸电子烟比抽烟安全一些，因为那不属于抽烟。第二个同学表示不同意。后来，你的老师不小心听到了。她说吸电子烟也是不健康的危险行为。你怎么看？在此之前，你从未仔细思考过这个问题。不过，坐在那里聆听时你的心里却在思考：

"吸电子烟为什么是有害的？"

就是这样，你已经开始独立思考了！

假设你提出问题之后决定展开调查，现在是时候得出结论了。批判性思维的整个过程往往都发生在你的脑海之中（有些时候，如果某个问题格外具有挑战性，把它写下来会很有帮助）。在脑海中或纸上回顾批判性思维的过程可能看起来就像这样：

重温原先的问题

- "吸电子烟对人有害吗?"

回顾证据和你学到的内容

- 和伊森聊聊看。他说吸电子烟对人有害,但他唯一的信息来源是他的哥哥肖恩。

- 再问问沃特金斯女士,问她为什么说吸电子烟是有害的。她表示,电子烟含有令人上瘾的尼古丁。她还向我展示了哪里可以读到更多相关的文章。

○ 阅读沃特金斯女士告诉我的文章。其中的两篇出自医生之手。在线观看有关这一话题的几段视频。

思考你的价值观

○ 养生：我坚持打排球，所以自我感觉良好十分重要。

○ 守法：18 岁以下的人抽烟或吸电子烟都是违法的（在某些州，这个年龄限制还会更高）。

独立：我喜欢独立思考，不会因为班里的同学做什么就做什么。

小测试：可靠的论证？还是诉诸情感？

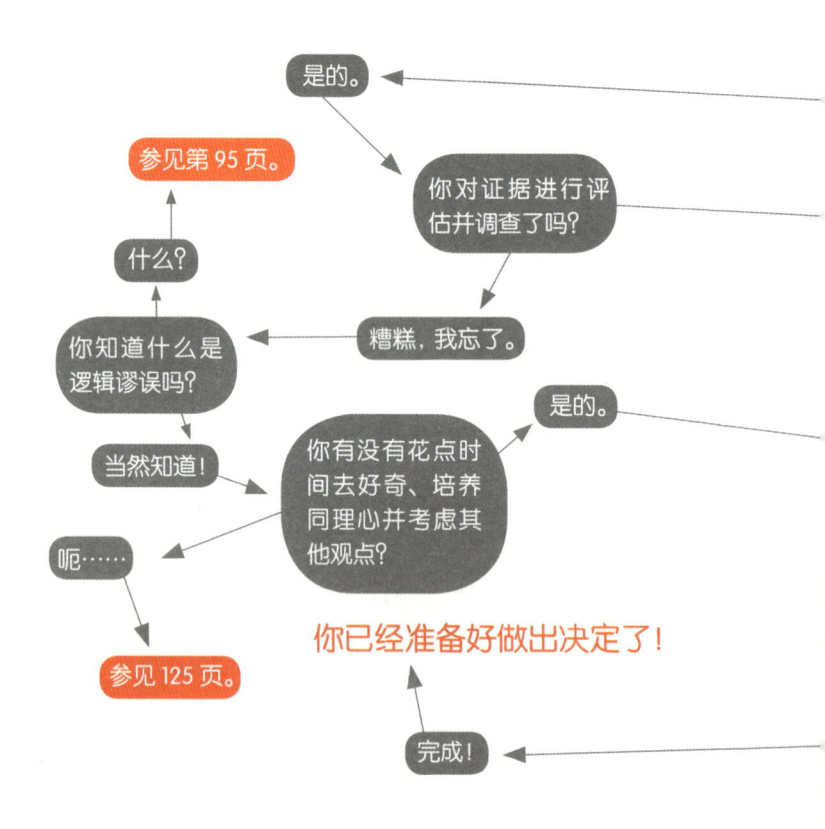

是的。

你对证据进行评估并调查了吗？

糟糕，我忘了。

参见第 95 页。

什么？

你知道什么是逻辑谬误吗？

当然知道！

呃……

参见 125 页。

你有没有花点时间去好奇、培养同理心并考虑其他观点？

是的。

你已经准备好做出决定了！

完成！

开始

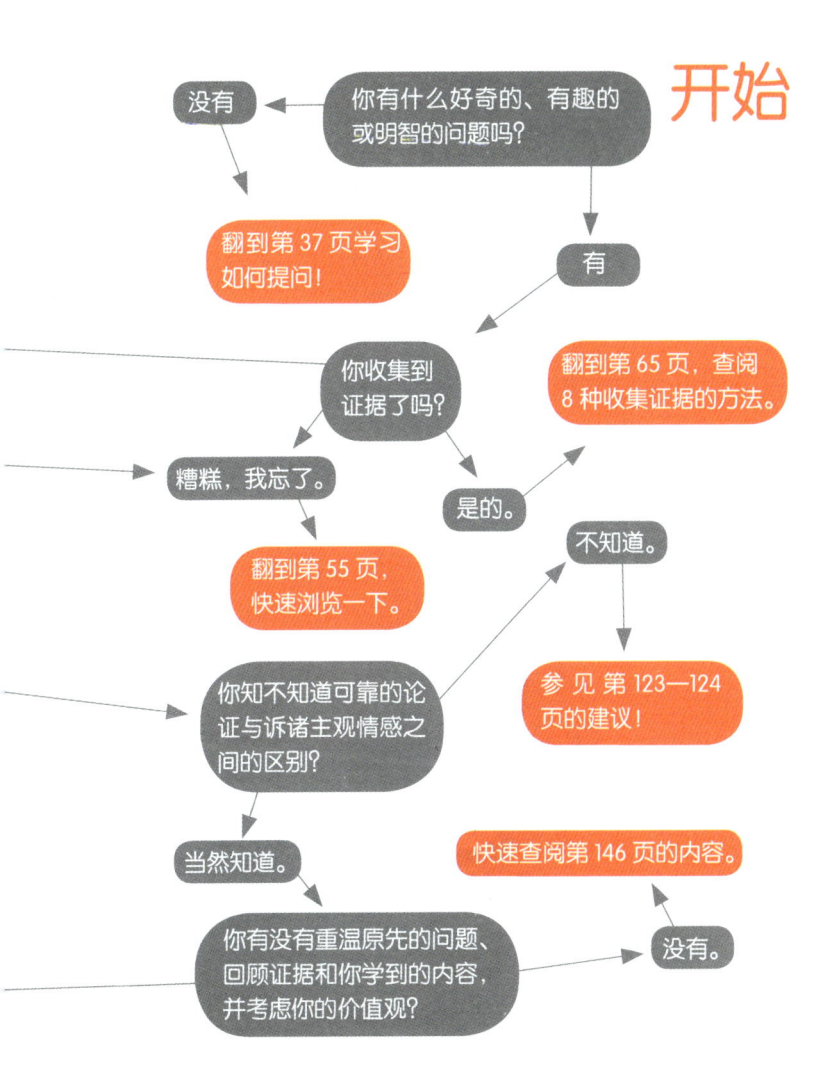

你有什么好奇的、有趣的或明智的问题吗?

- 没有 → 翻到第37页学习如何提问!
- 有 ↓

你收集到证据了吗?

- 翻到第65页,查阅8种收集证据的方法。
- 糟糕,我忘了。 → 翻到第55页,快速浏览一下。
- 是的。↓

你知不知道可靠的论证与诉诸主观情感之间的区别?

- 不知道。→ 参见第123—124页的建议!
- 当然知道。↓

你有没有重温原先的问题、回顾证据和你学到的内容,并考虑你的价值观?

- 没有。→ 快速查阅第146页的内容。

"心理健康问题不能定义你是谁……它们是你的经历……你走在雨里,能够感受到雨水,但重要的是,你不是雨。"

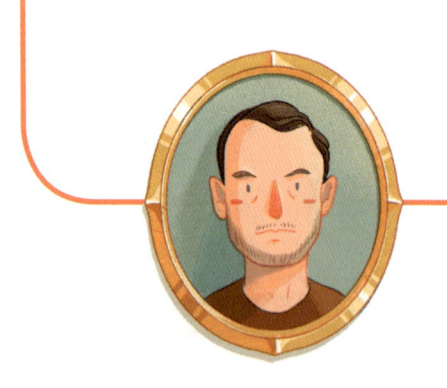

——马特·海格

心理健康倡导者,为儿童和成人写作的作家

批判性思考者的故事

马特·海格

马特·海格成长于20世纪80年代的英格兰。在那个年代,当地人不会谈论精神健康的问题。人们认为抑郁症、焦虑症之类的问题属于应该保守的秘密。当时,这些心理健康问题的起因鲜为人知,大家也不知道如何才能帮助患者。马特在学校里十分焦虑,很难融入集体、交到朋友。年少的他开始利用药物和酒精解决情绪问题,以融入他人的圈子。长大成人后的马特患上了令人害怕的抑郁症和焦虑症。起初他不知所措，害怕谈论这个问题。然而，他慢慢地开始向生活中的人诉说自己的挣扎，还戒掉了药物和酒精，开始了解如何对待身心和情感之间存在的联系，并逐渐理解了自己独一无二的个性，掌握了应对它的最好方法。终于，他感觉好多了。多年之后，马特为儿童和成人创作了不少作品（其中一些书籍甚至被拍成了电影）。马特最大的成就之一是挑战了人们对于心理健康问题的刻板印象。他的批判性思维帮助我们改变了针对心理健康问题的谈话，在其他人面临困境时给予了他们希望。

轮到你了

你的价值观是什么？如果你不确定，问问你父母的价值观，或者他们希望全家拥有怎样的价值观，可能会有所帮助。你也可以询问老师、朋友或生活中的其他人。以下这张清单列举了人们普遍拥有的价值观。在笔记本上写下那些对你而言重要的内容，然后自己再多想几条！把它放在手边的某个地方，等今后难以做出抉择时拿出来看看。

平和	诚实
勇气	开明
团结	忠诚
刻苦	尊重
决心	创新

"你可以持不同意见,
同时不会伤感情。"

——鲁斯·巴德·金斯伯格
倡导性别平等的美国最高法院大法官

第 7 章
讨论其他观点

得出结论也许是批判性思维的结果,却不是一切思维的终点。我们的决定、看法和思想并非仅仅存在于孤岛之上,而是真实世界的一部分。我们的决定和看法通常都会带来后果。无论我们对自己的结论有多确定,依然会遇到与我们结论相异、意见相左的人。那怎么办?这就是本章要讲的内容。

校园安全

如何保证学生和老师的校园安全？这是公开辩论中经常提及的问题。事实上，这个问题在美国至少已经被讨论了几十年。如今，许多人都在积极致力于让学校变得更加安全。大多数人认为学校的枪支暴力问题十分严重，需要美国政府的介入来解决问题。但这是什么意思？通过什么样的法律才能阻止暴力？这样的法律应该被通过吗？解决美国的枪支暴力问题为什么要花费这么长的时间？如你所见，这个话题会引发许多的问题，也会带来许多的观点。这些观点会在网络上和我们的社会中引发激烈的探讨与辩论。

保密还是公开？

在针对某个问题（甚至是校园安全或气候变化这样的重大议题）得出结论时，保守秘密是可以的。不管你是否愿意与别人分享，最重要的是明白自己的心、了解自己的想法（你仍旧是个聪明的思考者）。到了分享观点的时候，你可以采取以下方法：

找人讨论。

与人辩论（更多信息参考第163页）。

写一封电子邮件或信件。

制作一件艺术品。

创作一个故事或一篇文章。

当然，有时事实胜于雄辩是没错的。用自己所做的选择和生活方式来表达观点，是你能做到的最有力的事情之一。

如何分享你的观点

轮到你开口的时候，有一个重要的词语你可能要牢记在心。这是一个古老的词语。事实上，历史学家可以将它的历史追溯至几百年以前。

这个词就是礼貌。

在英语中，我们认为"礼貌"的意思就是彬彬有礼、客客气气。不过这个词的（拉丁语）原意却更加有趣、更加复杂。最初，礼貌行事意味着用对公众有益的方法接物待人。它与成为一名社会好公民和促进社会繁荣有关。

这个概念今天仍值得思考，特别是在我们开始探讨棘手或敏感的话题时。

礼貌行事并不意味着要隐藏自己的观点或是戴上客套的面具。它意味着用对公众有益的方式分享你的观点和想法，实际上更多的是与你分享想法、对待他人的方式有关，而非想法本身。

> **概念概述**
>
> 礼貌行事意味着人们可以意见相左,却仍旧彼此尊重、友善相处。

如何倾听?

在与别人分享你的观点时,倾听他们的想法也很重要。倾听是你很早以前就开始学习的一项技能,所以你有可能觉得自己已经炉火纯青了。但倾听是一项生活技能,不是学习一次就能结束的,而是终生都要练习,即便你已经长大成人。积极的倾听者是这样的:

投入

他们会利用面部表情和例如点头、俯身向前之类的肢体语言来表示他们正在全神贯注。

好奇

他们知道何时该保持安静，却也会提出"你为何会有这种感觉"之类发人深省的问题，会利用诸如"多跟我说说"之类的话语。他们还会经常提问："我能从中学到什么？"

善意

即便是意见相左，他们也会表现出对说话者的善意（肢体语言、面部表情和声音的音色都很有利于表达对某人的善意）。

专心

参与对话时，他们会把手机之类可能令人分心的东西放在一旁。

思考时间

下面哪种情景展现的是积极的倾听者?

如何进行辩论？

在你分享针对某件事情的结论时，要是有人指出你错了怎么办？如果有人得出了一个你认为是错误的结论怎么办？无论你身处哪一方，这个问题都很棘手。在某些情况下，最好的办法就是置之不理。人们会花很多时间在网上和自己素不相识、从未谋面的陌生人辩论与争执。大多数时间里，社交媒体都不是展开重要辩论的好地方（此外，那些在网上发表惊人言论或展开争执的人甚至不是真人，而是为了煽风点火、引发众怒专门设计出来的网络机器人。在这一点上，它们的技艺可谓是"炉火纯青"）。

如果你想面对面地和另一个人展开辩论，可以采用如下的方法：

了解你的听众

你要明白,依据个人的生活经历,有些人可能会对某些话题十分敏感。因此,要询问与你意见不一致的人是否愿意展开对话。

考虑环境背景

你所处的环境适合展开讨论吗?在你想要讨论重要的事情时,太过喧闹或繁忙的地方可能会分散你的注意力。

了解你所掌握的事实

如果别人提出了什么你不知道答案的事情,告诉他们你会去查看,稍后再回复他们。

提问

试着澄清你同意和不同意的地方,将有助于双方更深刻地理解问题。

不跑题

如果你跑题了,要确保回到最初的论点上来。

公平行事

避免中伤别人和进行人身攻击。专注于学习、沟通而非取胜。

做一个耐心的倾听者

给别人回应和分享观点的机会。

小测试：你该不该开口

当下，你可能很难知道自己是应该把话大声说出口还是置之不理。这份清单能够帮助你练习。如果你对所有问题的回答都是肯定的，那就可以放心开口了。如果不是，想想你稍后还能说些什么，或是采取一种不同的方式，好让你的看法能够真正深入人心。

☐ 你觉得很平静，周围环境也很安全。

☐ 你十分了解参与讨论的其他人。

☐ 你是在真实的生活中展开讨论。

☐ 你已经做过调查，对真相有所了解，或在该话题上拥有亲身经历。

☐ 大家都有时间好好聊聊此事。

☐ 人们对于谈论此事很感兴趣，也做好了准备。

☐ 相比在讨论中取胜，你更感兴趣的是学习与沟通。

"我十分肯定自己满怀希望,因为我遇见了许多已经准备好跻身美国政治体系的人。他们正是我们需要的那种人——致力于保护他人安全的人……守望相助的人,不只在乎自己的人。"

——艾玛·冈萨雷斯

学生积极分子,
曾在自己的学校发生致命枪击案之后助力发起政治运动

批判性思考者的故事

艾玛·冈萨雷斯

作为高中毕业班的学生,艾玛·冈萨雷斯对大学生活充满期待,向往未来。在悲剧性的校园枪击事件改变她的人生之前,她就是一名普通的少女。枪击事件登上了全国新闻。对艾玛和她的朋友而言,这一切却都是切肤之痛,因为他们失去了17名同学和老师。艾玛在深感悲哀的同时也怒火中烧。在几天后的一场集会上,她鼓起了发表演讲的勇气,呼吁政治家通过加强枪支管控的法律。她声情并茂的演讲登上了各大报章的头条。这令她十分吃惊,于是将注意力转向了加强枪支管控法律的运动中,还帮助组织了由国内学生主导、名为"为我们的生命而游行"的游行活动。如今已经进入大学的她还在亲自发声对抗枪支暴力,并激励他人也同样行动起来。

轮到你了

正式的辩论和我们在第 163 页中讨论过的非正式辩论截然不同。你可能在电视上看到过政党候选人之间的正式辩论,或许你所在的学校也拥有一支辩论队。辩论是一种可以练习的好技能。如果你愿意,可以自己主持一场辩论,或是询问老师能否在教室里举行一场辩论。以下是辩论的基本规则。

辩论之前

1. 选择一个辩论话题。该话题可以与移民法有关，或是针对某个更加地方性的问题，例如"我们的学校是否应该允许学生离校吃午餐？"。

2. 分成两组。如果你是在教室里展开辩论，就让班上的同学一半担任正方，一半担任反方（在上述例子中，这意味着班上一半的同学应该准备辩称支持离校吃午餐，另一半则准备辩称反对意见）。

辩论期间

遵循以下的基本事件安排（有所改动也没关系。辩论可以遵循的模式还有许多）：

1. 正方有 2 分钟的时间提出自己的观点。

2. 反方有 2 分钟的时间提出自己的观点。

3. 正方有 2 分钟的时间进行辩驳和总结。

4. 反方有 2 分钟的时间进行辩驳和总结。

5. 由观众（或老师）决定哪一方的论据更加有力。论据更有力的一方赢得辩论。

* 在正式辩论的过程中（例如学校的辩论队比赛），学生辩论的观点并非总是他们认同的。这其实是学习如何针对同一事件的不同方面展开辩论的好方法。

"一个人的思想一旦被某个新的想法所扩展,就永远无法退回到原来的维度了。"

——奥利弗·温德尔·霍姆斯
凭借自身作品和对医学的影响而著称的诗人、医师

第8章 自我成长

批判性思维不仅仅是寻找答案或得出结论,还事关学习与成长。这也许就是本书的结尾,但并不意味着它应该被放回书架(除非这本书是你从图书馆里借来的!)。在现实世界中练习独立思考时,你可以一遍又一遍地阅读这本指南。

在上一章中,我们讨论了遇到别人指出你的错误或是你不同意别人的观点时该怎么做。和别人展开讨论、争辩看法是可以的,只要记住提出好的问题、不跑题且友善待人。还有另外一件事情可以做,那就是改变主意。得出结论后发现了新的信息,或是遇到了一个能让你对结论转变心意的人,这是很常见的、也很良性的。这就是我们学习和成长的方式。

伟大的思想家永远都在成长。

困难

即便认为自己已经熟练掌握了批判性思维的过程，你还是有可能犯错。在遇到一些常见的困难时，你可以这样做：

★ 当你的结论是错误的

把这看作是一次学习的机会。不妨回顾一下你是如何得出这个结论的（要记住，并非所有的问题都能得出非黑即白的正确或错误答案）。

★ 当你伤害了某人的感情

某人因为你的谈话或辩论而沮丧并不意味着错就在你。不过，在某些情况下，我们都曾因为不明事理说过伤人的话。如果和你对话的人情绪沮丧，试着去了解一下原因。如果原因在于你说过或做过的事情，道歉是个好主意。

★ 当你的情感受到了伤害

你可以考虑告诉对方，或是暂停对话，让头脑清醒一下。通过"这么说伤害了我的感情"可以提醒别人：我们都是普通人。

★ 当局面变得尴尬

暂停一下，看看尴尬的沉默能否留给人们时间去思考，或者一笑了之。开几句玩笑会很有帮助。如果感觉不对，问问对方是否一切都好，或是直接换个话题。有些时候，我们还是接着谈些别的事情更好。

每个人的思考方式不尽相同。有些人需要很多的时间去思考,有些人不用。有些人需要安静,有些人则需要音乐或背景噪声。你呢?阅读这份清单能够帮助你弄清自己最佳的思考方式。

"我的思绪最清晰时……"

- ☐ 周围非常安静。
- ☐ 周围充斥着背景噪声。
- ☐ 我可以将自己的想法写下来或是打印出来。
- ☐ 我在乱写乱画。
- ☐ 我在听音乐。
- ☐ 我一个人。
- ☐ 我和别人在一起。
- ☐ 我在室内。
- ☐ 我在室外。
- ☐ 我在走路。
- ☐ 我在站着。
- ☐ 我有很多时间。

思考时间

在开始阅读本书之前,你可能有很多的想法。现在呢?你的想法可能更多了!有些时候,把自己的想法写下来会很有帮助——即便我们还不能完全理解它们。利用笔记本和以下提示来帮助你(选择一件事情来做,或是照单全收,或是一件都不做——怎么对你有利就怎么做)。

> 开小差时,你都会想些什么?

> 你认识什么擅长回答问题的人吗?

> 你认识什么擅长提出问题的人吗?

> 你最常想到的大事是什么?

> 你最常想到的小事是什么?

你仰慕的思想家是谁？是什么令他们如此智慧？

批判性思维的过程中有哪个部分是你不明白的？

这本书有没有帮助你得出什么结论，
或是做出什么决定？

这些结论或决定是什么？

这本书中最能令你牢记的内容是什么？

?

> **概念概述**
>
> 批判性思维就是谨慎地评估证据与事实、决定该相信什么、该做些什么的过程。

提出问题

对身边的世界充满好奇是正常的。所有批判性思维都是从至少一个问题开始的。

收集证据

证据是能帮助你寻找答案、做出决定的信息。收集证据的方法有很多。

评估证据

聪明的思考者会评估自己收集到的证据的重要性、准确性和相关性。要提防逻辑谬误!

产生好奇

考虑不同的结论和其他观点。

得出结论

得出结论是批判性思维过程中的最后一步。它是基于推理和证据的。

讨论其他观点

无论我们对自己的结论有多确定,都会碰到持有不同结论的人。人和人之间可以意见相左,却需彼此尊重、礼貌相待。

自我成长

进行批判性思考不仅是为了找到答案、得出结论,也是为了学习与成长。

本书讲述的内容正是你独立思考时所需的所有工具。

逻辑谬误探测器

同理心

调查

倾听

思考时间

新的观点

刻板印象

假设测试器

那么，如何应用这些工具呢？

由你来决定！

术语表

积极分子：通过强有力的行动来支持或反对某种特殊思想的人。

论据：在批判性思维的过程中，一系列旨在支持某个特定结论的论述。

假设：一个人不用质疑其是否正确就认定它正确的信念。

自传：某人亲自描述自己的人生故事。

传记：某个人的人生故事。

礼貌行事：彬彬有礼或采取有益于公众的方法行事。

结论：最终的结果或后果；某种判断。

批判性思维：仔细评估想法与事实，针对该相信什么、该做些什么做出决定的过程。

辩论：相反观点的讨论。

差异性：多样性——包含众多不同类型的人。

同理心：想象和理解他人的想法、感受和经历的能力。

证据：能够帮助你找到答案或做出决定的信息。

事实：能够得到证实的陈述。

事实核查：搜索信息，查明信息能否得到认证，来源是否可靠。

假新闻：假新闻是为误导和误传而故意捏造出来的。

移民：一个人离开出生的祖国，迁居到其他国家。

推论：基于证据和/或假设得出的结论。

逻辑：为了得出结论而将信息结合在一起的方法。

逻辑谬误：会削弱或使论证不可信的思维错误。

正念：专注于当下和五官所能感受到的东西的练习。

看法：对于某种观点的阐述。

观点：某种态度或看法。

定性证据：形容某种东西是什么的信息。

定量证据：源自数字或统计的信息，也称"数据"。

推理：在哲学上利用证据和试验寻找真相或理论。

难民：由于自己的祖国因为战争、暴力或自然灾害而变得不安全，所以迁往其他国家的人。

社会公正：提倡在社会中人人平等的思想与实践。

信息来源： 任何能够提供信息的人或事；一手信息来源提供的是直接材料，二手信息来源提供的是间接材料。

刻板印象： 基于某一群人的外貌或自己与其有限的经验得出的、过于简单化（且往往是错误）的看法。

价值观： 你认为重要的个人信念或品质。

健康： 良好的身体状况。

作者简介

[美] 安德里亚·戴宾克

安德里亚·戴宾克是一位屡获殊荣的作家和编辑,在过去的十年里一直为儿童写作,曾任《美国女孩》专栏编辑,目前在威斯康星州麦迪逊市生活。

译者简介

黄瑶

本科毕业于北京外国语大学。硕士毕业于英国威斯敏斯特大学媒体艺术与设计学院。曾在牛津大学埃塞克斯学院研读过英国语言文学。

曾任国家汉办孔子学院院长接待会口译

《中国日报》外聘翻译

后做全职译者。文学译作有：

《大小谎言》

《不属于我们的世纪》

《夜莺》等

图书在版编目（CIP）数据

我会独立思考／（美）安德里亚·戴宾克著；黄瑶译.—北京：北京联合出版公司，2021.6（2025.9重印）
ISBN 978-7-5596-5289-8

Ⅰ.①我… Ⅱ.①安…②黄… Ⅲ.①思维方法 Ⅳ.①B804

中国版本图书馆 CIP 数据核字 (2021) 第 096725 号

First published in the United States under the title:
THINK FOR YOURSELF: The Ultimate Guide to Critical Thinking in an Age of Information Overload
Copyright ©2020 by Duo Press, LLC
Published by arrangement with Workman Publishing Co., Inc., New York on behalf of Duo Press, LLC.
Chinese language copyright ©2021, Beijing Guangchen Culture Communication Co., Ltd.

我会独立思考

作　　者：（美）安德里亚·戴宾克
译　　者：黄　瑶
出 品 人：赵红仕
特约监制：孙淑慧
产品经理：辜香蓓
责任编辑：龚　将
营销支持：周久琦
出版统筹：慕云五　马海宽

北京联合出版公司出版
（北京市西城区德外大街 83 号楼 9 层 100088）
北京联合天畅文化传播公司发行
文畅阁印刷有限公司印刷　新华书店经销
字数 35 千字　787 毫米 × 1230 毫米　1/32　6.5 印张
2021 年 7 月第 1 版　2025 年 9 月第 17 次印刷
ISBN 978-7-5596-5289-8
定价：49.00 元

版权所有，侵权必究
未经书面许可，不得以任何方式转载、复制、翻印本书部分或全部内容
本书若有质量问题，请与本公司图书销售中心联系调换。电话：（010）64258472-800